8

今天我当家

综合应用　统计与概率

贺　洁　薛　晨◎著　哐当哐当工作室◎绘

北京科学技术出版社

每年夏天，社区都会举办美食节，每家都要做一道拿手好菜与邻居们分享。

社区
美食节

今年轮到勇气鼠家组织美食节。勇气鼠的爸爸妈妈最近工作特别忙，于是勇气鼠自告奋勇地接下了这项工作。

活动前需要安排的事项

1. 确定美食节举办的时间。
2. 选择合适的活动场地。
3. 统计参加者的数量。
4. 统计每家提供的菜品。

"举办活动的时间最好选在星期六或星期日，这样才能有更多人参加。"爷爷提醒勇气鼠。
2020 年
8 月
8 日
星期六
"去年的活动时间是 8 月的一个星期六。今年也可以定在 8 月的某个星期六，8 月 7 日就合适。"勇气鼠已经查过日历，选好了时间。

接下来，勇气鼠准备去预定社区广场的场地。奶奶却叫住了他：“勇气鼠，你还不知道参加美食节的人数吧？那你怎么知道要预定多大的场地呢？”

“要想知道参加美食节的人数，需要先做统计。”勇气鼠心里有了主意。他跑到地下室，找出了一大桶乒乓球，还拿上一个大量筒。

乒乓球和量筒都是勇气鼠统计人数的工具。他把东西放在社区门口，然后在墙上贴了通知。
通知
本社区将于8月7日(星期六)举办一年一度的美食节活动。请欲参加活动的居民朋友于7月31日18时前取1个乒乓球投入量筒中，以便工作人员统计人数，安排场地。每位居民只需投1次。谢谢！
勇气鼠
2021年7月24日
感谢大家的配合！

美丽鼠和好朋友回家路过这里时，各投了 1 个乒乓球。
捣蛋鼠滑旱冰回来，也投了 1 个乒乓球。

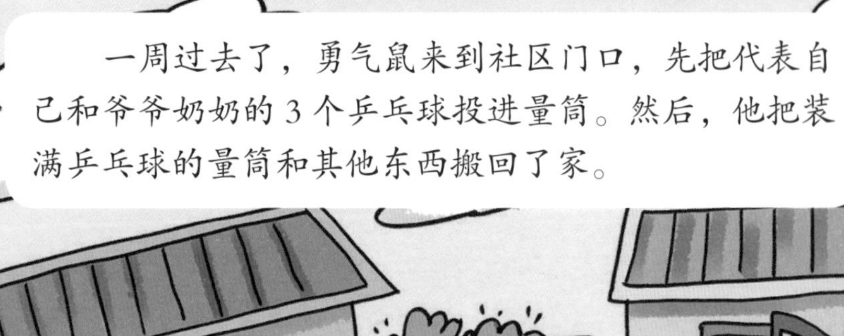

一周过去了，勇气鼠来到社区门口，先把代表自己和爷爷奶奶的 3 个乒乓球投进量筒。然后，他把装满乒乓球的量筒和其他东西搬回了家。

勇气鼠在每个乒乓球上都写上了数字。1、2、3……24！

奶奶把每 5 个球分成一组，分了 4 组后，还剩 4 个球。

$$5 \times 4 = 20 \qquad 20 + 4 = 24$$

爷爷从量筒最底部的球开始往上数，每数 10 个球，就用红笔画一条线。这样，爷爷画了 2 条线后，还剩 4 个球。

$$10 \times 2 + 4 = 24$$

用 3 种方法计数，得出的结果都是 24。

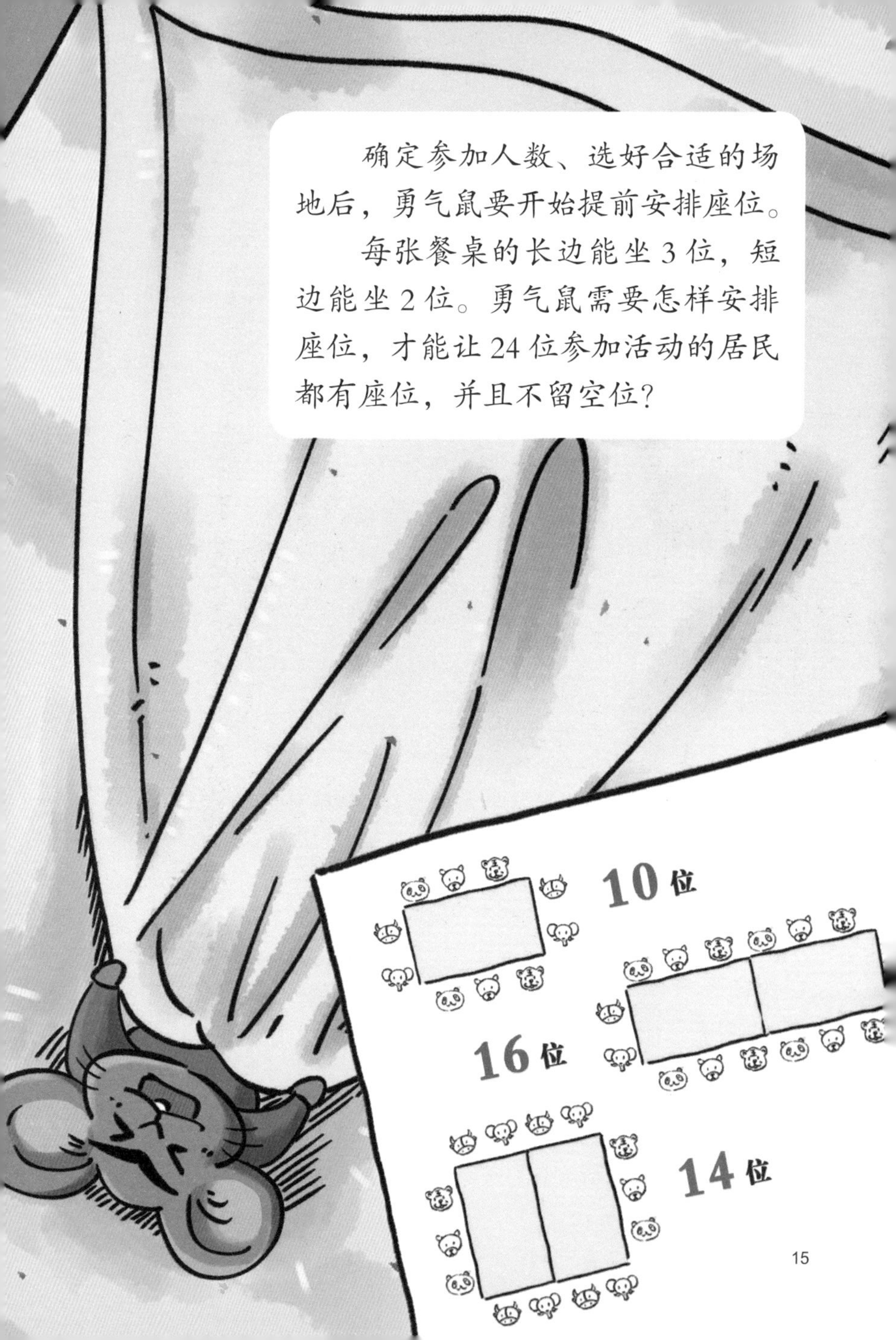
确定参加人数、选好合适的场地后，勇气鼠要开始提前安排座位。
每张餐桌的长边能坐 3 位，短边能坐 2 位。勇气鼠需要怎样安排座位，才能让 24 位参加活动的居民都有座位，并且不留空位？
10 位
16 位
14 位

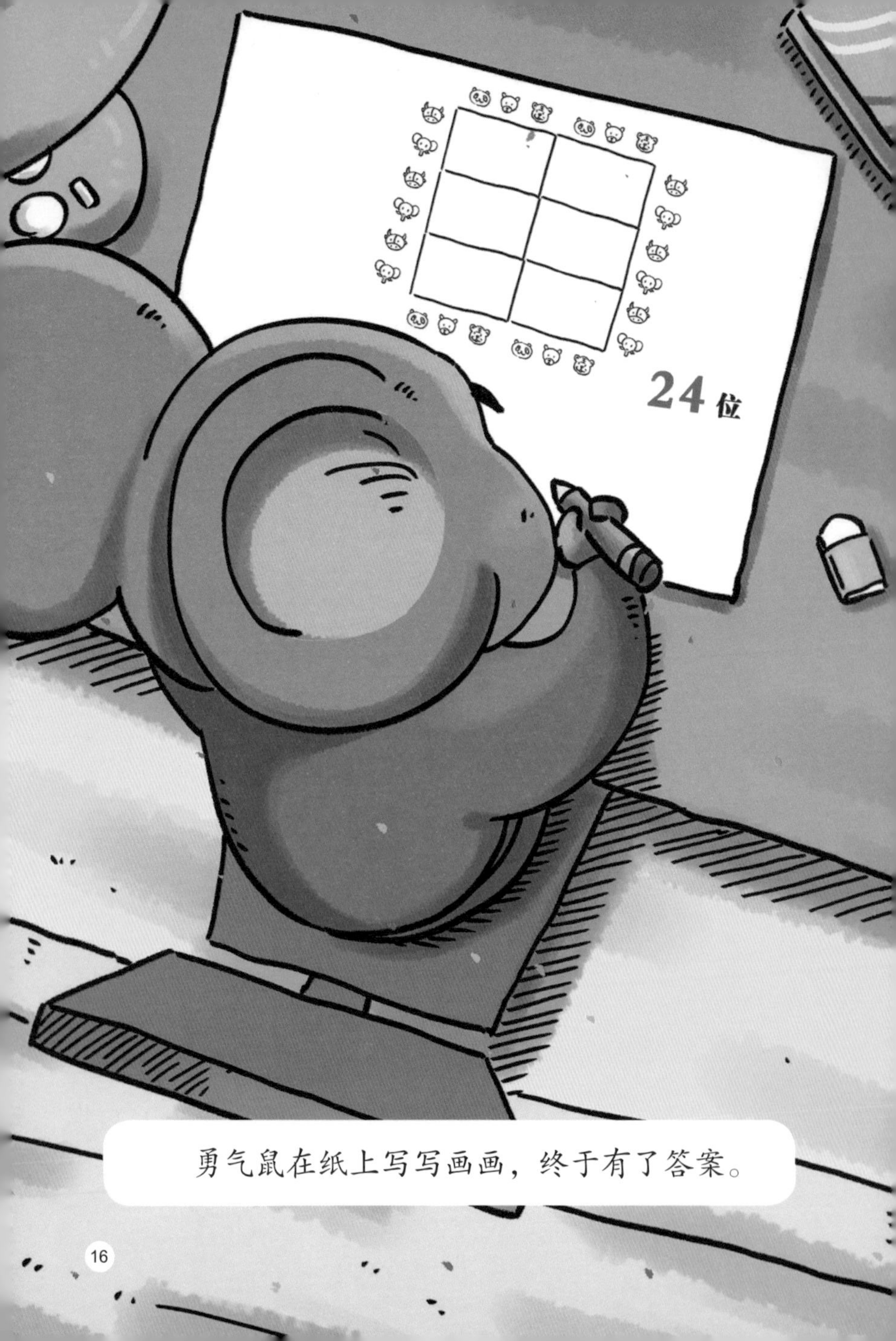

勇气鼠在纸上写写画画，终于有了答案。

临近美食节，参加活动的家庭都报上了自己准备分享的菜品名称。今年，学霸鼠打算自己做一道菜——西红柿炒鸡蛋。

1.
把3个西红柿洗净、切成小块。
2.
将2个
打入碗
搅拌均
3.
在炒锅中倒油，油热后倒入蛋液炒熟。
4.
倒入西红柿块，和鸡蛋一起翻炒。
5.
加入适量的盐和少许白糖，翻炒均匀。
妈妈给学霸鼠写好了菜谱，让学霸鼠先试着做几次。学霸鼠看了看菜谱，觉得很简单，不用试做。

“这道菜我吃过无数次，菜谱又那么简单，3个西红柿、2个鸡蛋……不用试。”学霸鼠摆摆手。

可美食节当天，学霸鼠在厨房里手忙脚乱地做了半天，还是没做出像样的西红柿炒鸡蛋。

西红柿炒鸡蛋
西红柿 3个
鸡蛋 2个
油 25克
生抽 5克
糖 2克
盐 2克
或许，对学霸鼠来说，这样的菜谱更好用。

美丽鼠今年也打算自己动手，她要做的是爆米花。她计划给每位参加活动的居民 1 包爆米花，每包 100 克。

100克
100克
美丽鼠提前和勇气鼠确认了参加活动的居民人数。她准备了2.5千克的爆米花，够吗？

这天晚上，社区的邻居们聚在一起，品尝美食、开心地聊天。

正餐结束后，大家开始品尝勇气鼠的奶奶做的饼干。饼干盒子有各种各样的形状，真好看！

图书在版编目（CIP）数据

今天我当家 / 贺洁，薛晨著；哐当哐当工作室绘. —北京：北京科学技术出版社，2021.8（2021.12 重印）
（数学的萌芽）
ISBN 978-7-5714-1538-9

Ⅰ. ①今… Ⅱ. ①贺… ②薛… ③哐… Ⅲ. ①数学 – 儿童读物 Ⅳ. ① O1-49

中国版本图书馆 CIP 数据核字（2021）第 082998 号

策划编辑：阎泽群 代 冉 李丽娟
责任编辑：张 艳
封面设计：沈学成
图文制作：天露霖文化
责任印制：李 茗
出 版 人：曾庆宇
出版发行：北京科学技术出版社
社 址：北京西直门南大街16号
邮政编码：100035
电 话：0086-10-66135495（总编室） 0086-10-66113227（发行部）
网 址：www.bkydw.cn
印 刷：北京利丰雅高长城印刷有限公司
开 本：889 mm × 1194 mm 1/32
字 数：13千字
印 张：1
版 次：2021年8月第1版
印 次：2021年12月第3次印刷
ISBN 978-7-5714-1538-9

定 价：339.00元（全30册）

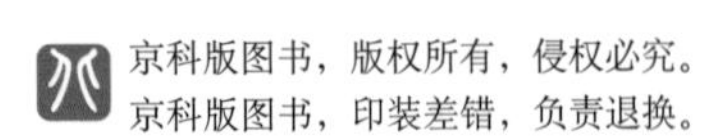